**Bibliografische Information der Deutschen Nationalbibliothek:**

Die Deutsche Bibliothek verzeichnet diese Publikation in der Deutschen National-
bibliografie; detaillierte bibliografische Daten sind im Internet über http://dnb.d-
nb.de/ abrufbar.

**Impressum:**

Copyright © 2009 GRIN Verlag, Open Publishing GmbH
Druck und Bindung: Books on Demand GmbH, Norderstedt Germany
ISBN: 9783640627196

**Dieses Buch bei GRIN:**

http://www.grin.com/de/e-book/150809/unterrichtsstunde-die-mondphasen

Katrin Blatt

# Unterrichtsstunde: Die Mondphasen

## Im Rahmen eines Projektes zum Thema „Sternenkunde für Einsteiger"

GRIN Verlag

PHILIPPS - UNIVERSITÄT MARBURG
Fachbereich Erziehungswissenschaften
PS Welcher Stern ist das? Elementare
Himmelskunde auf Klassenfahrten
Sommersemester 2009
23.09.2009

# Die Mondphasen

## Ein Unterrichtsentwurf im Rahmen eines Projektes zum Thema „Sternenkunde für Einsteiger"

Katrin Blatt

# 1. Lerngruppenbeschreibung

Da es sich bei diesem Unterrichtsentwurf um die Ausarbeitung einer fiktiven Stunde handelt, wird in diesem Abschnitt keine Lerngruppe im engeren Sinne beschrieben. Deswegen wird der Anschnitt sehr kurz gehalten, da eine Lerngruppenbeschreibung in jeden Unterrichtsentwurf gehört und sehr wichtig ist.

Die fiktive Lerngruppe ist eine Klasse des 7. Jahrgangs an einem Gymnasium. Es ist eine heterogene Lerngruppe mit sehr unterschiedlich starker Unterrichtsbeteiligung.

# 2. Einordnung der Stunde in die Unterrichtseinheit

Die geplante Stunde ist Teil eines fächerübergreifenden Projekts zur Astronomie bzw. Sternenkunde für Einsteiger in den Fächern Erdkunde und Physik. Die Projektlaufzeit ist sechs Wochen mit vier Stunden pro Woche und diese Doppelstunde liegt relativ in der Mitte der Unterrichtseinheit. Daher verfügen die Schülerinnen und Schüler[1] schon über ein gewisses Grundwissen der Sternenkunde.

In den vergangenen Wochen haben sich die SuS ausführlich mit den Grundphänomenen des Tag- und Nachthimmels auseinander gesetzt und können somit den Verlauf der Sonne, Sterne und Planeten nachvollziehen. Der Mond wurde in der letzten Stunden zum ersten Mal direkt angesprochen aber dies auch nur im Zusammenhang mit den „Auf- und Untergangspunkten" von Sonne und Sternen. Demnach wissen die SuS wo der Mond auf- und untergeht und das er sich um die Erde dreht, aber noch nicht warum dieser sich ein wenig anders verhält als die anderen Himmelserscheinungen.

Das Projekt ist so ausgelegt, dass das genetische Lernen im Vordergrund steht. Die SuS haben im Laufe der Unterrichtseinheit erforscht, warum die Erde rund ist und wir nicht der Mittelpunkt des Universums sind. Nun sollen sie in den folgenden Stunden selbst erfahren, wie das System Mond – Erde – Sonne funktioniert. In der heutigen Stunde geht es um das Zustandekommen der Mondphasen und warum wir nicht jeden Monat eine Mondfinsternis haben.

---

[1] Im Folgenden SuS

3

### 3. Didaktisch-methodische Analyse nach Klafki

Wolfgang Klafki hat fünf didaktische Leitfragen aufgestellt, denen möglichst jede Unterrichtsstunde gerecht werden sollte. Die erste Leitfrage ist die nach der Gegenwartsbedeutung. Der neu erlernte Unterrichtsstoff soll für die SuS eine Bedeutung in deren Leben haben und sie direkt betreffen. Dadurch sind eine höhere Motivation zum Erlernen und ein besseres Verständnis der Gelernten gegeben. Auch die Zukunftsbedeutung spielt eine wichtige Rolle. So soll der neu erlernte Stoff eine gewisse Bedeutung für die Zukunft der SuS haben. Die dritte Leitfrage richtet sich nach der Struktur des Unterrichts, also die Frage wie der zu erlernende Stoff vermittelt wird. Als viertes wird nach der Exemplarität des Stoffes gefragt. Lässt sich das neu Erlernte auf andere Bereiche im Leben der SuS anwenden? Gibt es Gesetzmäßigkeiten oder Parallelen mit anderen Themen? Die fünfte Leitfrage ist die nach der Zugänglichkeit des Stoffes. Wird das zu Lernende anschaulich oder exemplarisch vermittelt? Werden SuS aktiv angesprochen oder der Stoff durch Phänomene für sie interessanter und zugänglicher gemacht?

Die Frage nach der Gegenwartsbedeutung lässt sich für diese Stunde zum Thema Mondphasen sehr einfach beantworten. Das Zusammenspiel von Mond, Sonne und Erde, von Licht und Schatten bestimmt unser Leben auf der Erde. Ohne Licht wäre ein Leben auf der Erde nicht möglich. Sonne und Mond, Licht und Schatten bestimmen die Zeit, nach der wir Menschen leben: Tag und Nacht, Stunden, Minuten und Sekunden, Jahre, Monate und Tage. Die Mondphasen teilen das Jahr in Monate, da eine Lunation, also die Zeit von Neumond zu Neumond, 29 ½ Tage dauert. Daraus ist letztendlich vor tausenden Jahren der Kalender entstanden, der, abgesehen von einigen Anpassungen, heute noch seine Gültigkeit bewahrt. Eine weitere Überlegung zur Gegenwartsbedeutung liegt auf der Hand: der Mond ist immer da. Jeder Schüler hat den Mond schon einmal am Tages- oder Nachthimmel in seinen unterschiedlichsten Formen gesehen. Und fast jeder Schüler hat sich wahrscheinlich auch schon einmal gefragt, wie diese verschiedenen Formen zu Stande kommen und warum der Mond auch manchmal tagsüber sichtbar ist.

Auch die Frage nach der Zukunftsbedeutung ist relativ einfach zu beantworten. Das Zusammenspiel zwischen Mond und Sonne wird auch noch in Tausenden von Jahren das Leben auf der Erde mitbestimmen. Der Mond wird sich also auch weiter um die Erde drehen und im Schattenspiel seine verschiedenen Phasen zeigen. Die SuS sollen

4

in der Lage sein, diese Phasen zu bestimmen und zu verstehen. Der direkte Bezug zum Alltag ist immer mit der Zeit (Tages-/Uhrzeit) gegeben.

Die Struktur der Stunde baut stark auf die Neugierde und das Interesse der SuS. Mit der Aufforderung der Lehrkraft den Mond so in ihr Heft zu zeichnen, wie sie ihn das letzte Mal gesehen haben, ruft den SuS schnell ins Gedächtnis, dass der Mond nicht immer gleich aussieht, bzw. dieselbe Form hat. Die SuS sollen diese Aufgabe zuerst als Einzelarbeit erledigen, werden sich aber wahrscheinlich schnell mit ihren Nachbarn austauschen und die Unterschiede ihrer Zeichnungen bemerken. Damit die unterschiedlichen Formen für alle SuS sichtbar sind, werden diese auf eine Folie gemalt. Dies soll Anlass zu einer kleinern Diskussion sein, warum es so unterschiedliche Mondformen gibt und wie diese zu Stande kommen könnten. Die verschiedenen Ideen und Vorstellungen werden von der Lehrkraft auf einer Folie gesammelt, jedoch nicht bewertet oder richtig gestellt. Dieser Impuls zu Beginn der Stunde wurde gewählt, damit alle SuS an dem gleichen Punkt abgeholt werden und somit einen gemeinsamen Ansatzpunkt für die Diskussion, bzw. den weiteren Stundeverlauf haben. Wie schon erwähnt hat jeder SuS den Mond in den verschiedensten Formen gesehen und kann somit seine Beobachtungen mit in den Unterricht einbringen. Das Sammeln der Ideen und Gedanken zu den Mondphasen, bzw. den „Mondformen", dient später zum Anwenden und als Transferleistung des neu Gelernten. Deswegen hält sich die Lehrkraft hier mit jeglichen Richtigstellungen zurück. Der weitere Verlauf der Stunde wird von einem Schülerexperiment dominiert. Ein Schüler fungiert dabei als Erde ($S^1$), ein anderer als Sonne ($S^2$) und ein Tennisball als Mond. Dadurch das $S^1$ bei seiner Drehung um die eigene Achse die Webkamera, welche an einen Computer und Beamer angeschlossen ist, auf den Tennisball gerichtet hat, haben die anderen SuS die Möglichkeit, das System Sonne-Mond-Erde sowohl aus der Innen- als auch aus der Außenperspektive zu beobachten. Dieser Perspektivwechsel trägt zu einem größeren Verständnis des Systems bei, da nicht nur das kleine und für uns immer sichtbare System Mond-Erde zu beobachten ist, sondern auch das große unbekannte System der Sonne. Diese Vogelperspektive erlaubt den SuS den Einfluss der Sonne von außen nüchtern zu betrachten. Der Vorteil der Webkamera und des Computers ist, dass der kleine Film aus der Erdperspektive beliebig oft wiederholbar ist und somit später immer wieder zu rat gezogen werden kann. Eine weitere Intention dieses Versuches ist, ein sehr großräumiges, komplexes und nicht fassbares System ins Klassenzimmer zu holen, sodass die SuS dieses Ereignis selbst erfahren können. An dieser Stelle ist anzumerken, dass der Versuch auch einfacher durchgeführt werden könnte. Anstelle eines Schülers fungiert die ganze

Klasse als Erde und ein Schüler mit einem einfarbigen hellen Ball oder Kugel als Mond. Als Sonne dient eine Lampe an der Seite. Der Schüler geht in dem abgedunkelten Klassenraum mit dem Ball über dem Kopf langsam um die Klasse herum, sodass die SuS nach und nach die einzelnen Mondphasen erkennen und diskutieren können. Ich habe mich allerdings bewusst gegen diese Methode entschieden, da die Schüler so wieder nur eine Perspektive haben, nämlich die von der Erde. Meiner Meinung nach ist das Entscheidende aber der Perspektivwechsel, da nur so das ganze System greifbar gemacht werden kann und somit besser verständlich ist. Außerdem kann so zu jeder Zeit wieder auf das gewonnene Material, den Film, zur weiteren Anschauung zurückgegriffen werden. Es ist sehr wahrscheinlich, dass die SuS nach einigen Durchläufen des Experiments anfangen werden ihre Beobachtungen zu schildern und Fragen zu stellen. Die SuS sollen im Unterrichtsgespräch selbst versuchen zu erklären, wie die Mondphasen eigentlich zu Stande kommen. Dabei können sie jederzeit auf den kleinen Film zurückgreifen, aber sich auch noch einmal das ganze System angucken, indem das Experiment wiederholt wird. hierbei ist es wichtig, dass den SuS genug Zeit gegeben wird um ihre Ideen zu äußern und zu diskutieren. Die Lehrkraft sollte sich erstmal soweit es geht aus der Diskussion herausnehmen und erst dann eingreifen, wenn es zu schwerwiegenden Verständnisproblemen kommt. Es wird sehr interessant werden zu erleben, wie die SuS mit dem Experiment und ihren Beobachtungen umgehen und wie sie versuchen werden die Mondphasen zu erklären. So werden höchstwahrscheinlich einige Fehlvorstellungen zu tage kommen, so zum Beispiel dass es jeden Monat eine Mondfinsternis geben muss, nämlich jedes Mal, wenn der Mond zwischen Erde und Sonne steht. Eine weitere Fehlvorstellung ist, dass die verschiedenen Formen des Mondes durch den Schatten der Erde auf dem Mond zustande kommen. Diese Fehlvorstellungen müssen auf jeden Fall geklärt und erklärt werden. So muss den SuS deutlich gemacht werden, dass der Mond sich nicht auf derselben „Höhe" mit der Sonne befindet, sondern sich in einem anderen Winkel um die Erde herum bewegt. Besonders deutlich wird dies, wenn sowohl die Sonne als auch der Mond zeitgleich am Taghimmel zu sehen sind. Die Erde kann somit nicht immer zwischen Sonne und Mond stehen. Dadurch dass die SuS ihre eigenen Vorschläge und Ideen richtig stellen und der Lehrkörper nur als „leitende und lenkende Kraft" wirkt, fällt es den SuS leichter, das System zu verstehen. Ein weiteres Hilfsmittel für die Diskussion ist eine Skizze der Mondphasen an der Tafel. Anschließend an die Diskussion und Klärung aller Fragen sollen die SuS zur Ergebnissicherung ein Arbeitsblatt zu den Mondphasen ausfüllen. Hier soll lediglich das gerade Gelernte seine Anwendung finden, indem eine Skizze der Mondphasen im Verlauf eines Monats ergänzt werden soll. Die SuS führen während der ganzen Projektlaufzeit ein

Lerntagebuch, sodass als Hausaufgabe der Eintrag der heutigen Stunde ergänzt und eine Skizze der Mondphasen hinzugefügt werden.

Die Frage nach der Exemplarität des Stoffes, bzw. seine Anwendbarkeit auf andere Bereiche ist nur sehr schwer zu beantworten. Im Grunde genommen ist das Thema Mondphasen auf keinen anderen Bereich übertragbar, da es ein sehr eigenes Thema in einem eigenen System, dem Universum, ist. Dennoch können die SuS ihre Erkenntnis zum Thema Licht und Schatten weiter anwenden. So wissen sie, zum Beispiel, dass der Einfallwinkel von Licht ausschlaggebend für den entstehenden Schatten ist.

Als letzte Frage die noch beantwortet werden muss, ist die nach der Zugänglichkeit des Stoffes. Da das Thema aus dem Alltag gegriffen ist und sich mit etwas beschäftigt, dass jeder gesehen hat und kennt, ist es einfach ein gewisses Grundinteresse für das Thema zu gewinnen. Des Weiteren wird den SuS durch die verschiedenen Methoden der Zugang erleichtert, da sie vielseitig angesprochen werden. So erfahren sie selbst, wie das System der Mondphasen funktioniert und dies aus verschiedenen Perspektiven. Da sich die SuS zum einem in dem System selbst befinden und dieses scheinbar kennen, wird ihre Neugier für die andere Perspektive außerhalb des ihnen vertrauten Systems geweckt. Außerdem prägt sich etwas Neues besser ein, wenn man es selbst ausprobiert oder erfahren hat. Dadurch das die SuS selbst „Entdecker" spielen dürfen, um herauszufinden wie die Mondphasen eigentlich zu Stande kommen und dies auch noch ausführlich diskutieren und sich austauschen können, setzten sie sich intensiv mit dem Stoff auseinander. Durch den vielfältigen Medieneinsatz werden verschiedene Kanäle bei den SuS angesprochen und somit auch der Großteil der Lerntypen erreicht. Dies führt dazu, dass nahezu alle SuS sich aktiv in den Unterricht einbringen können und eventuell leistungsschwächere SuS ihre Scheu verlieren sich zu beteiligen. Das Thema der Mondphasen hätte auch durch einen Film, Arbeitsblätter oder Texten behandelt werden können, aber etwas selbst zu erfahren und zu entdecken prägt sich deutlich besser ein als etwas lediglich vorgetragen zu bekommen.

## 4. Lernziele

Die Unterrichtsstunde zu den Mondphasen hat mehrere Lernziele. Das Hauptziel ist natürlich das Verstehen der Entstehung der Mondphasen. Des Weiteren sollen die SuS in der Lage sein, die verschiedenen Mondphasen zu erkennen und richtig zu benennen. Sie sollten außerdem die Mondphasen auch erklären können. Ein weiteres wichtiges Lernziel der Stunde ist das Richtigstellen von Fehlvorstellungen zum Mond und den Mondphasen. So sollen die SuS, zum Beispiel verstehen, warum wir nicht jeden Monat eine Mond- und Sonnenfinsternis haben, sondern das dies mit der Stellung des Mondes zur Sonne und zur Erde zusammenhängt.

Für ihren Alltag sollten die SuS ein Bewusstsein dafür bekommen, dass es manchmal von hoher Wichtigkeit sein kann, Dinge aus verschiedenen Perspektiven zu betrachten, um sie zu verstehen.

## 5. Verlaufsplan der Stunde

| Phase | Inhalt | Methode/ Sozialform | Medien | Zeit/Min |
|-------|--------|---------------------|--------|----------|
| Einstieg | Lehrkraft bittet SuS den Mond so in ihr Heft aufzumalen, wie sie ihn das letzte Mal am Himmel gesehen haben. Anschließend werden die Ergebnisse verglichen und verschiedene Formen von SuS auf eine Folie gemalt. | EA, UG | Heft, Folie, OHP | 10-15 |
| Erarbeit ung I | Lehrkraft fragt wie unterschiedliche Bilder von SuS zustande kommen könnten und sammelt Ideen an Tafel. | UG | Folie, OHP | 10 |
| Hinführu ng | Lehrkraft wählt zwei S aus und erklärt das Experiment. Lehrkraft skizziert Experiment an der Tafel. | LV | Arbeitsauftrag | 7 |
| Erarbeit ung II | S¹ (entspricht Erde) steht an einer zentralen Stelle im Klassenraum und hält am ausgestreckten Arm einen Tennisball (entspricht Mond). In der anderen Hand hält S¹ eine Webkamera direkt vorm Körper, die auf den Tennisball gerichtet wird. Die Webkamera ist an den Computer und | Rollenspiel | Tennisball, Taschenlampe, Webkamera, Beamer, Computer | 15-20 |

| | | | | |
|---|---|---|---|---|
| | Beamer angeschlossen. $S^2$ (entspricht Sonne) leuchtet von einem festen Standort mit einer Taschenlampe auf $S^1$. Der Klassenraum ist abgedunkelt. $S^1$ dreht sich langsam um die eigene Achse. Andere SuS haben den Arbeitsauftrag, sowohl den Bildschirm als auch das drehende System zu beobachten. | | | |
| Erarbeit ung III | SuS sollen das Experiment erklären und die beiden unterschiedlichen Perspektiven vergleichen. Dazu kann der Film noch einige Male zum besseren Verständnis gezeigt werden. SuS sollen in einer Klassendiskussion ihre am Anfang der Stunde gesammelten Ideen zu den Mondphasen erklären bzw. richtig stellen. | UG | Tafel, Beamer, Computer | 20-25 |
| Sicherun g (Normal ziel) | Ausfüllen des Arbeitsblattes zu den Mondphasen. | SV | Arbeitsblatt mit Arbeitsauftrag | 10 |

## 6. Anhang

Im Anhang befindet sich der Arbeitszettel für die Ergebnissicherung der Stunde.

# Die Mondphasen

Benenne die Nummerierungen der letzten beiden Abbildungen!
Tipp: Abbildung 1 hilft dir dabei!

**Abbildung 1:**

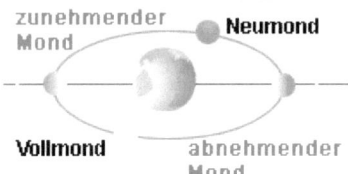

http://www.kindernetz.de/infonetz/thema/planeten/mondphasen/-
/id=27594/nid=27594/did=27612/1vwh5v4/index.html

**Abbildung 2:**

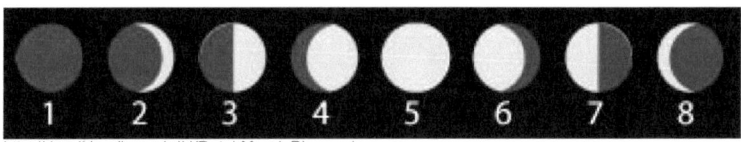

http://de.wikipedia.org/wiki/Datei:Mond_Phasen.jpg

**Abbildung 3:**

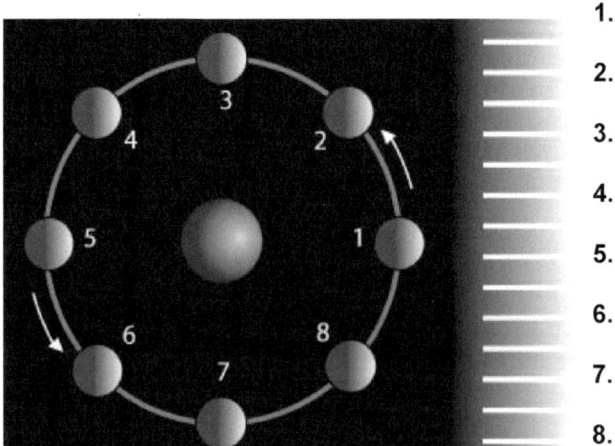

1.

2.

3.

4.

5.

6.

7.

8.

http://de.wikipedia.org/wiki/Datei:Mond_Grafik1.jpg

# BEI GRIN MACHT SICH IHR
# WISSEN BEZAHLT

- Wir veröffentlichen Ihre Hausarbeit,
  Bachelor- und Masterarbeit

- Ihr eigenes eBook und Buch -
  weltweit in allen wichtigen Shops

- Verdienen Sie an jedem Verkauf

## Jetzt bei www.GRIN.com hochladen
## und kostenlos publizieren